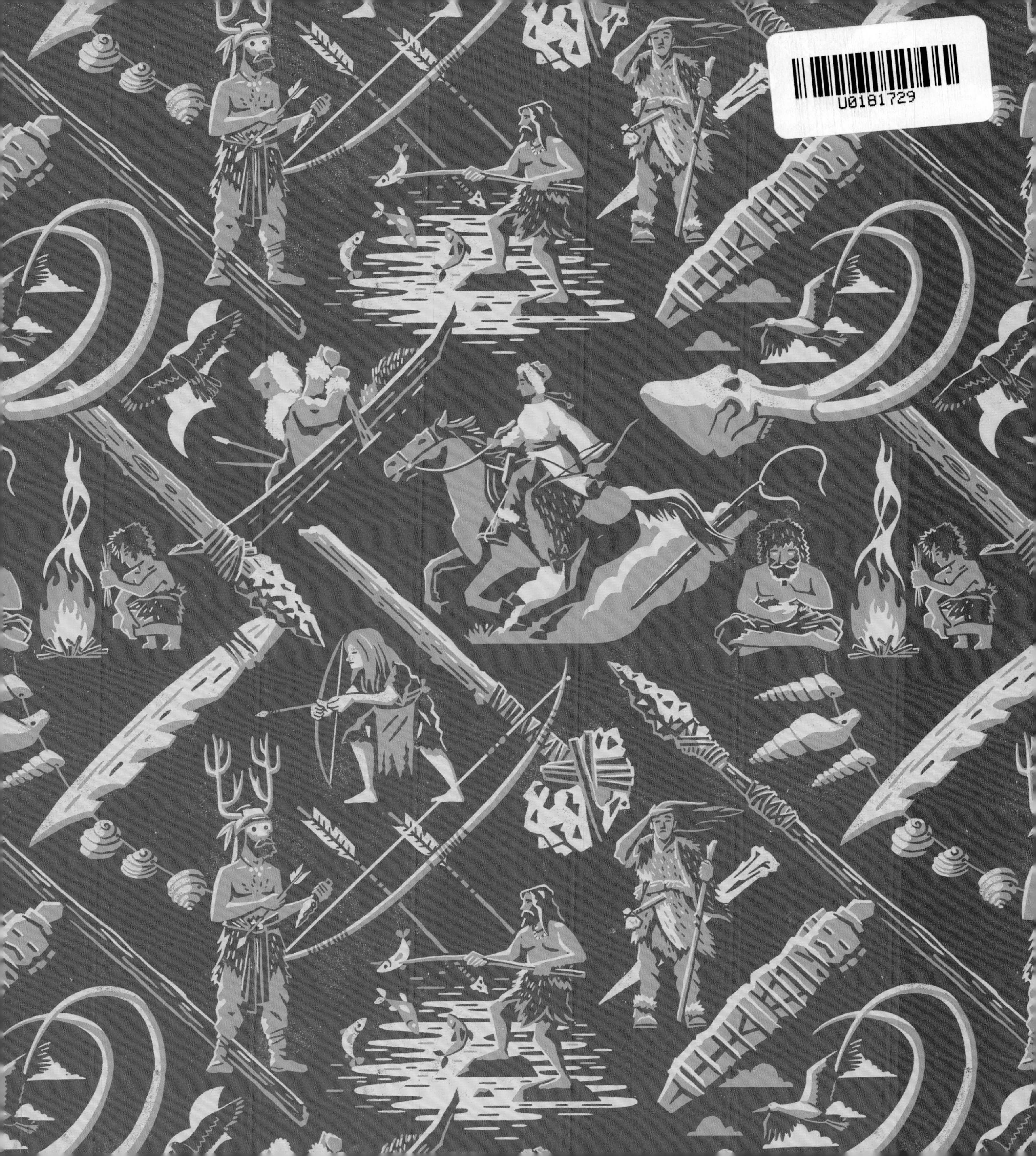

献给坦西和列夫。——爱丽丝·罗伯茨

献给艾萨克、马克斯和伊丝拉，特别感谢克洛伊。——詹姆斯·韦斯顿·路易斯

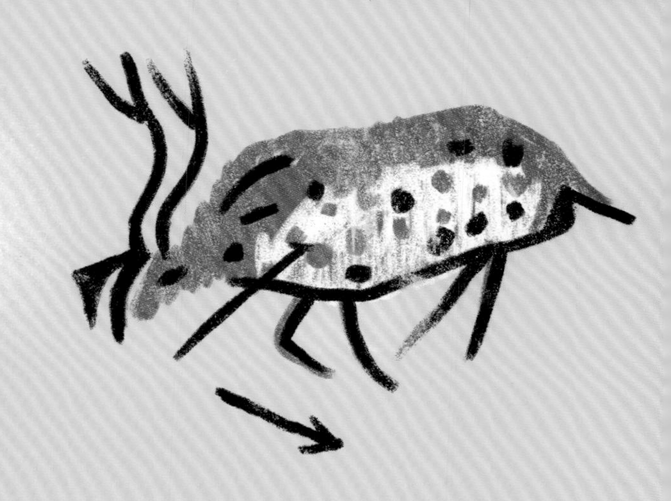
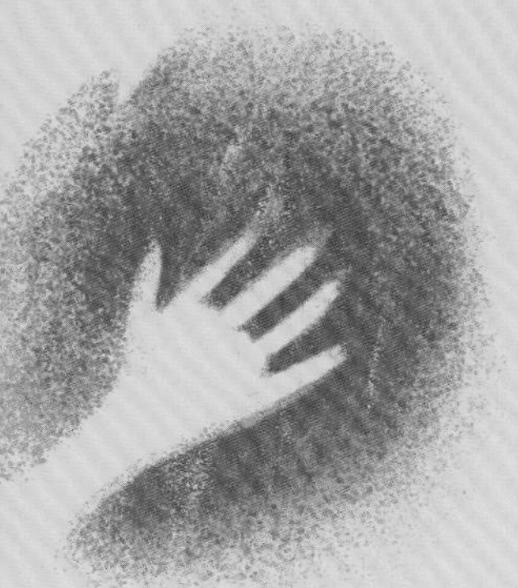

人类旅程

从非洲到全世界

[英] 爱丽丝·罗伯茨◉著
[英] 詹姆斯·韦斯顿·路易斯◉绘
周游◉译

北京联合出版公司
Beijing United Publishing Co.,Ltd.

图书在版编目（CIP）数据

人类旅程 ：从非洲到全世界 / （英）爱丽丝 · 罗伯茨著 ；（英）詹姆斯 · 韦斯顿 · 路易斯绘 ；周游译 . — 北京 ：北京联合出版公司，2024.3
ISBN 978-7-5596-7311-4

Ⅰ . ①人… Ⅱ . ①爱… ②詹… ③周… Ⅲ . ①人类学－儿童读物 Ⅳ . ① Q98-49

中国国家版本馆 CIP 数据核字 (2023) 第 241616 号

HUMAN JOURNEY
Original English language edition first published in 2020 under the title Human Journey
by Egmont UK Limited, The Yellow Building,1 Nicholas Road, London, W11 4AN

人类旅程：从非洲到全世界

著　　者：[英] 爱丽丝 · 罗伯茨
绘　　者：[英] 詹姆斯 · 韦斯顿 · 路易斯
译　　者：周　游
出 品 人：赵红仕
选题策划：北京天略图书有限公司
责任编辑：刘　恒
特约编辑：钱凯悦
责任校对：高　英
美术编辑：刘晓红

北京联合出版公司出版
（北京市西城区德外大街 83 号楼 9 层　100088）
北京联合天畅文化传播公司发行
北京盛通印刷股份有限公司印刷　新华书店经销
字数 8 千字　889 毫米 ×1194 毫米　1/12　4 印张
2024 年 3 月第 1 版　2024 年 3 月第 1 次印刷
ISBN 978-7-5596-7311-4
定价：50.00 元

目录

旅程开始了

很久很久以前，有一群非洲类人猿开始不怎么在树上待着了，而是更多地在地面生活，用两条腿直立行走。大约250万年前，其中的一些类人猿已经进化成了非常早期的人类。他们的大脑比其他类人猿的大，还会制造石器。

这些早期人类很成功——他们生存繁衍，随着时间推移逐渐分化成了不同的人种。最终，这棵茂密的家谱树上出现了我们这支人种：智人。

能人是非常早期的人种。

在漫长的岁月里，其他人种或者说人类都逐渐消失了，如今我们是这群了不起的直立行走的类人猿中唯一的幸存者。

我们现代人类的早期祖先在非洲生活了几千年，后来他们当中的一部分人开始走出非洲。慢慢地，历经一代又一代，现代人遍布全球各地——他们到达了亚洲、澳大利亚、欧洲，最后是美洲。

虽然故事发生在很久很久以前，那段时光已被人们遗忘，但是我们可以借助一些线索来将故事揭开：骨骼化石、石器和DNA。我们能知道我们祖先的样貌，知道他们如何找到食物并且生存下来，还可以想象他们的生活是什么样子的。我们可以揭开我们的物种在非洲起源的谜团，然后一路追溯远古时期人类扩散到世界各地的迁移过程。

智人是现代人。

这就是那些奇妙的人类旅程的故事。

人类的黎明

150万年前的某个正午，在非洲一片绿草如茵的平原上，烈日炎炎。在白天的热浪里，动物们大多无精打采。一群狮子正在树荫下午睡。但是，有一些人正顶着酷暑在大草原上奔跑。他们看见秃鹫在远处盘旋，知道这意味着什么。他们争先恐后地跑向一具刚被杀死的动物尸体，想要弄到一些肉。

纳利奥克托米男孩是猎人之一。他才八岁，不过他们这支人种比今天的我们长得更快，所以他就跟现在十五岁的孩子差不多。

这个男孩和他的同伴都是非常早期的人类，他们属于直立人种。在某些方面，他们和我们一样，跟我们一样有着长长的腿、强壮的肌肉和有弹性的肌腱，这使得他们很擅长远距离奔跑。这些人的大脑比我们的小，但也在不断变得发达。有些人甚至可能学会了用火烧制食物。像他们这样的人已经从非洲扩散到了欧洲和东亚。

快进到50万年前，有些仍生活在非洲的早期人类正在发生改变，他们的长相和行为跟今天的我们越来越像。

非洲祖先

随着时间推移，人类不断进化。他们的大脑越来越大，面部特征也发生了变化。到了30万年前，出现了具有如你我一般的现代人特征的人类——智人。这些人就生活在非洲大陆上。

我们的旅程推进到16万年前，去寻找一群生活在南非海岸的现代人类。这些狩猎采集者正忙着从沙滩上和潮水潭里采集贝类。他们常年在海滩上扎营，住在洞穴里，每天走上几公里去狩猎和觅食。这可不容易，好在周围食物丰富。除了贝类，他们还会捕猎小羚羊、鼹鼠和乌龟，也会挖一些营养丰富的植物根茎吃。

在这段时间里，气候一直在变化——
有时处在漫长的寒冷干燥期，有时则是较为短暂的温暖湿润期。
湿润的季节里，草木繁茂，人类就会扩散到这些富饶之地。

这些狩猎采集者用海滩上的鹅卵石制作工具，把它们削成锋利的薄片，用作刀具。他们也会捡拾叫作赭石的红色小石头，将其研磨制成颜料，可能画在自己身上或者洞穴墙壁上。

在一个南非山洞里发现的赭色十字形图案表明，这些早期现代人会进行艺术创作。

到了12万年前，一些富有开拓精神的现代人向北最远去到了亚洲西部。他们会用贝壳制作项链，也是最早一批将尸体埋人坟墓的人。或许他们相信会有来世。

亚洲幸存者

早期开拓者们向东扩散，到达南亚。他们生活在沿海地区和内陆的河流、湖泊附近。大约7.5万年前，在印度的贾拉普兰，一群人生活在一个有河流和季风雨注入的大湖周围。这里的景色郁郁葱葱，有大量的植物可供采集，也有大量的动物可供狩猎。这里还有丰富的石料，很适合制作矛尖、斧头和刀这样的工具。

所以，在贾拉普兰的生活十分美好。可是后来，在东南方向3000公里之外，在现在被称为苏门答腊的一个岛屿上，一座巨大的火山爆发了。这是过去两百万年里最大的一次火山爆发，空中形成了巨大的火山灰云。火山灰云向西飘浮，到达现在的印度，天空都变暗了。白色的火山灰落在大地上，覆盖了一切。动植物挣扎求生。

雨水将火山灰冲人湖中，在湖底沉积成厚厚的一层。难以置信的是，一些生活在这里的人居然在这场灾难中幸存下来。他们的后代继续向东迁移，到达东南亚。

考古学家在贾拉普兰火山灰层的上面和下面发现了相同的石器——说明这里的人类在火山爆发中幸存下来。

跳岛到澳大利亚

成千上万年里，现代人一代又一代地向东扩散。有些人在内陆居住，有些人就住在海边。他们撑着小船或木筏去捕鱼，也会乘船航行，沿着印度洋海岸一路前进。

有些航行可能是出于意外，

或许当时有的船在暴风雨中被迫偏离了航线。

而有些航行可能是人们有意为之。

人类来到了东南亚的岛上，包括现在的马来西亚和印度尼西亚的部分地区。这里是适合狩猎采集者生活的好地方。海岸有礁石、红树林沼泽和河口，有大量的植物和动物，可供他们采集、狩猎和食用。他们使用简易的小船在靠近海岸的地方捕鱼。但是，他们也会冒险在岛屿之间进行长途航行。每当看见遥远的地平线上有新陆地的迹象时，岛民们就会好奇能不能去到那里。

这些航行者发现了一片广阔的土地，
那里游荡着大蜥蜴、大袋熊和大袋鼠等巨大的动物。

一个接一个的岛屿，一次又一次的海上航行，终于，早期的开拓者们一路到达了我们今天所知的澳大利亚这个巨大的岛屿大陆。他们到达澳大利亚的北端，然后沿着海岸进一步向内陆扩散。

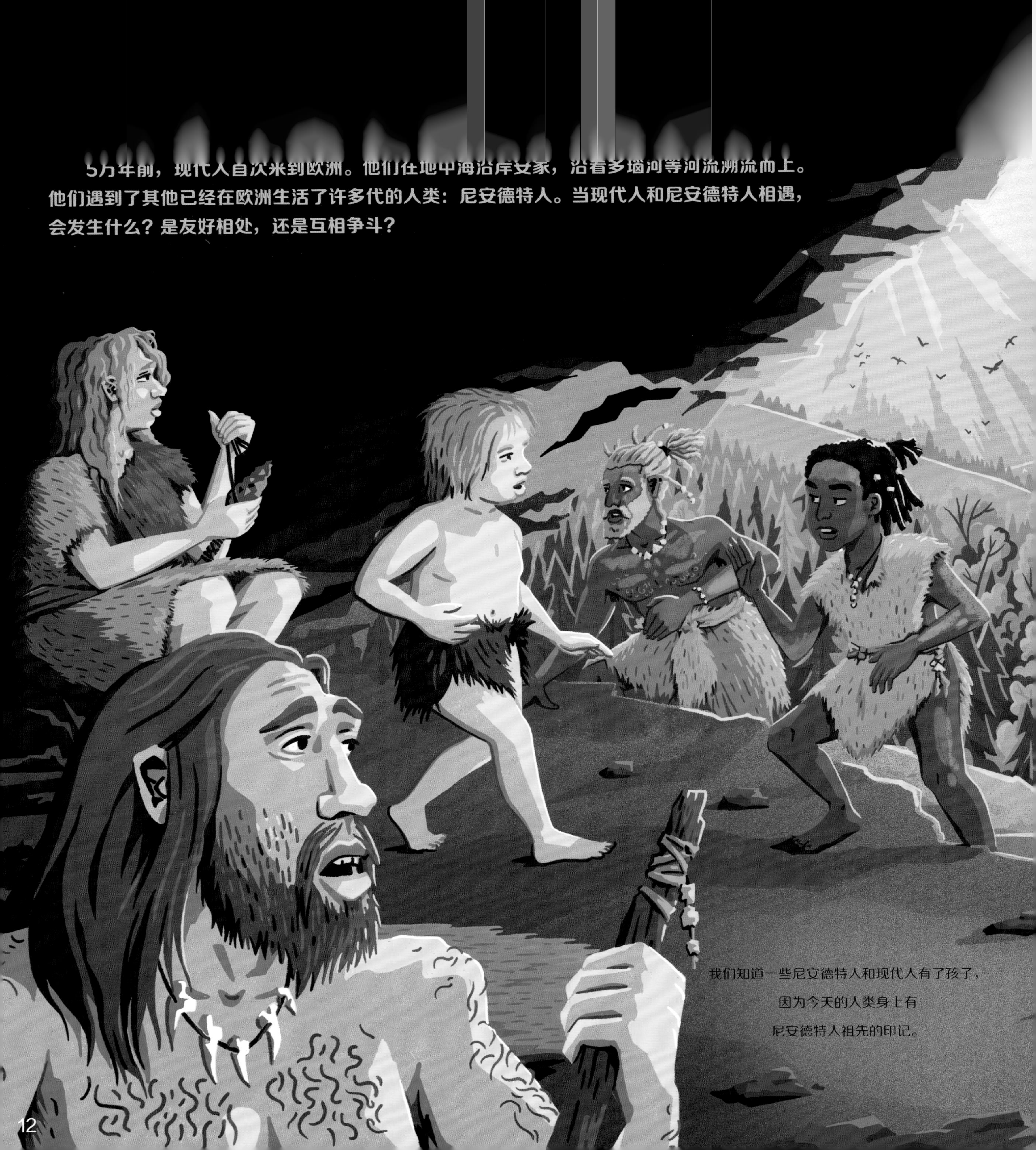

5万年前，现代人首次来到欧洲。他们在地中海沿岸安家，沿着多瑙河等河流溯流而上。他们遇到了其他已经在欧洲生活了许多代的人类：尼安德特人。当现代人和尼安德特人相遇，会发生什么？是友好相处，还是互相争斗？

我们知道一些尼安德特人和现代人有了孩子，因为今天的人类身上有尼安德特人祖先的印记。

这两大群体都是石器时代的狩猎采集者，但现代人（智人种）和尼安德特人（尼安德特人种）的行为方式不同。他们制造不同类型的工具，声音听起来也不一样。有时他们会争斗，有时见面也很友好。

尼安德特人有很强的生存技能。他们用石尖长矛猎杀大型动物，比如驯鹿、马、野牛，甚至是披毛犀。他们也吃小动物，比如兔子和鸟，有时会从海边采集贝类。他们用石制工具屠宰动物、切割和捣碎植物、做木制品，就像现代人那样。而且和现代人一样，他们也有珠宝和赭石颜料。

后来，尼安德特人消亡了，欧洲只剩下现代人。

冰河时期的顶峰

3万年前，在未来会成为英国的地方，一个石灰岩峭壁上的山洞里，一群狩猎者正围在一起埋葬一个年轻人。他们在靠近洞壁的地方挖了一个长坑，小心翼翼地把他的尸体放进坟墓里。他的家人搬来大石头放在他的头和脚上。他们把一件件猛犸象牙雕刻品和贝壳放在墓里，在旁边放上一个猛犸象头骨。他们把尸体全身涂满赭石颜料。

在水滴形的洞口外，天灰蒙蒙的，雪落在宽阔平坦的草原上。全球气候正在变冷。欧洲正陷入冰河时期：冰川从山上扩张到山谷，冰盖开始向南蔓延。尽管天气严寒，生活在冰盖南部冻土上的狩猎采集者们仍能设法获取足够的食物。而且他们还会找时间埋葬他们死去的朋友。

埋葬这个年轻人的这群人，
是在气候变得更冷之前，
也就是最后一个冰期的高峰前，
生活在这里的最后一批狩猎采集者。

随着冰盖继续蔓延，北方的人们挣扎求生。在冰层之外，天地间是一片没有树木、白雪皑皑的苔原。几千年后才会有人类再次回到欧洲北部，不过狩猎者在更南边一些的地中海沿

远古的回声

在最后一个冰期的最盛期，大约两万年前，在现在的法国南部的一个山洞深处，一个女人正在洞壁上画一头红色的牛。她的孩子们在旁边看着，其中一个举着火把，这样母亲就可以看清她画的东西。她一边勾勒着动物的轮廓，仔细地描出它的头和角，一边和孩子们交谈，给他们讲故事听。小男孩凑过来，在画好的一匹马的下面涂了一排黑点。

对于冰河时期的狩猎采集者来说，动物是生存的关键。他们对这些动物非常了解，所以才能在洞穴深处凭着记忆把它们画下来。他们创作的精彩壁画描绘了野牛、野马、巨大的雄鹿、穴狮和猛犸象。他们的猎物也成为他们神话故事中的角色，甚至可能是幽灵或者神明。这些绘有彩绘的洞穴可能是他们的圣地——石器时代的寺庙。

除了洞穴壁画以外，冰河时期的艺术家们还会制作可随身携带的雕刻品，包括用猛犸象牙做的小物件。这些壁画和雕刻品许多呈现的都是真实的动物：驯鹿、野牛和鹿。不过也有一些图像更加神秘，比如法国洞穴里画的鸟人和奇怪的半鹿人。在德国，考古学家发现了冰河时期神秘的狮头人身象牙雕刻。没有人确切地知道他们究竟是神还是幽灵，是天马行空的艺术创作，还是仅仅为了好玩。你觉得呢？

除了艺术创作，用猛犸象牙和鸟骨制成的笛子表明我们冰河时期的祖先也喜欢音乐创作。

在猛犸象草原上

一群身着毛皮的狩猎采集者正在用猛犸象的骨头和象牙建造小屋。在冰河时期的寒冷笼罩下，欧洲和亚洲的大部分地区都变成了一片辽阔的草原：猛犸象草原。树木很少，所以这些足智多谋的人不用木头而是用骨头来造小屋，用骨头来烧火取暖。通常，他们是从自然死亡的猛犸象身上收集骨头和象牙。偶尔他们也会在狗的帮助下想方设法猎杀动物，然后获取他们需要的东西。

这些狩猎者需要好衣服来保暖。他们用穿有筋线的骨针把毛皮缝在一起。

猎人们先搭好屋子的框架，再盖上驯鹿皮和马皮。他们用这种方法建造了四间小屋——这就是他们的大本营。他们从这里出发开启狩猎之旅，有需要的时候会再建小一些的营地。要论如何在猛犸象、野牛和驯鹿到处游荡的冰冷草原上生存下来，他们堪称专家。他们会吃很多肉，还有根茎和浆果。

一些猎人向东越走越远，来到白令陆桥——这是一片连接西伯利亚东北部和现在阿拉斯加的辽阔草原。

几条长得像狼一样的狗在营地徘徊，从猎人带回来的动物尸体身上找寻食物残渣。孩子们在雪地里跟毛茸茸的小狗一起玩耍。猎人们外出打猎时，狗会和他们一同前往，帮忙狩猎。

这些勇敢的冒险家乘着铺有毛皮的
独木舟在寒冷的海面上航行，
绕着冰山划桨，
从一个绿洲岛去往下一个绿洲岛。

抵达新世界

最后一次冰期的最盛期已经过去。大约1.7万年前，覆盖北美大部分地区的巨大冰盖从边缘开始慢慢融化。海岸不远处出现了岛屿，生命慢慢回到了这片在厚厚冰层下度过了漫长时间的北方土地。苔草和蕨类植物开始在解冻的岛屿上生长，鸟类、鹿和熊等动物也逐渐到来。人类紧随其后——来自白令陆桥的猎人们开始探索新的狩猎和捕鱼场所。

人类抵达北美洲后，迅速向南扩散，那里有更加富饶的狩猎场。到了1.4万年前，人们已经到达了现在的智利南部——一片既有凉爽湖泊又有炽热火山的土地。他们居住的大本营是用木柱做成的长屋，上面盖着兽皮。

人类的狩猎行为可能导致了

猛犸象和乳齿象等大型动物的灭绝。

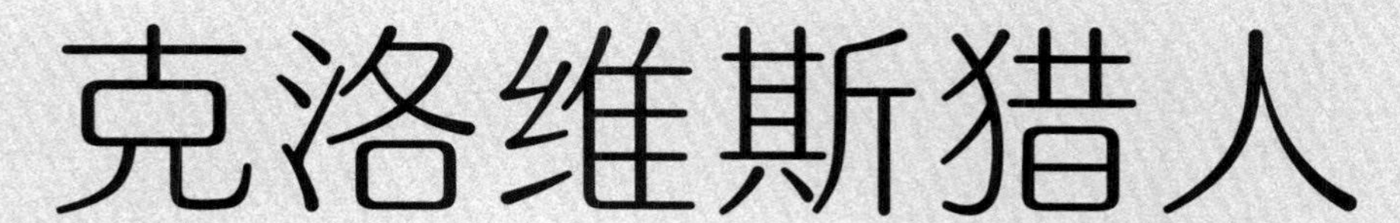

克洛维斯猎人

大约在1.3万年前，一群早期的北美猎人正在攻击一头猛犸象。这头猛犸象受了伤，落在了象群后面，所以猎人们看到了机会，悄悄靠近它，然后举起石尖长矛掷向这头巨大的猛犸象。猎杀完成后，猎人们在它倒下的地方就地屠宰，同时在河岸边生起火，既为烤肉，同时也是为了驱赶那些饥肠辘辘又凶猛的食肉动物——比如恐狼和剑齿虎。

猎人的长矛尖端是制作精美的叶形石头。今天，我们将其称为“克洛维斯矛尖”，以美国新墨西哥州的克洛维斯考古遗址命名，因为它们是在这里被首次发现的。考古表明，这些克洛维斯人不仅捕猎野兔这样的小动物，也会狩猎大型猛犸象和野牛。他们还会捕鱼，采集野生植物果实。

猎杀猛犸象是罕见的场景，值得庆祝一番，毕竟这些肉可以让所有猎人饱餐很久。

世界回暖

1.2万年前，冰期终于结束了。在欧洲北部，冰盖已经消退，留下了冰川谷的深壑，以及由融冰冲刷下来的岩石和淤泥堆积成的山丘。森林生长起来，人类狩猎林中的动物。这是一些中石器时代的人正在一个大湖岸边猎杀马鹿。他们头戴鹿角，偷偷接近猎物，手里拿着新的狩猎武器——弓箭。

猎人们头上戴的马鹿角是一种伪装。
或许他们也会把鹿角头饰用于仪式性的舞蹈，
或者用于装饰房屋。

随着气候的改善，人们不必再为了觅食长途跋涉。他们开始比以往更趋向于定居下来。他们不再经常搭建临时住所和帐篷，而是建造起更为固定的家园——这是欧洲西北部最早的房屋。

有一家人正和朋友们一起忙着在湖边建新家，湖的四周有柳树和白桦林环绕。这些人可是熟练的木匠。他们用石斧把树砍倒，再把这些木材插入地面，搭好房子的框架，然后把兽皮搭在上面。这种大圆屋很坚固，能住好几代。

屋前的芦苇丛中，有一个木台伸向湖面。

人们可以从这里出发，乘船绕着湖岸前行，打鸟钓鱼。

毁灭性的大洪水

随着冰层持续融化，海平面不断上升。几千年以来，一座巨大的陆桥将英国与欧洲大陆相连。不过现在，这座陆桥被洪水淹没了。海平面每年上升一点，越来越多的土地消失在海浪之下。曾经住在陆桥的人们变成了气候难民，被迫向西迁移，进入现在的英国。有时为了争夺资源，他们会与已经生活在那里的人发生冲突。

大约8000年前，发生了一场真正的大灾难。在北海的另一边，也就是现在的挪威海岸附近，巨大的山体滑坡掀起了惊天巨浪。海啸到达英国海岸，岸边的尖顶屋里居住着中石器时代的猎人们。海浪摧毁了沿途的一切，树木和灌木丛被连根拔起，人和动物也被海水卷走。

可怕的海啸将这座古老陆桥的残余部分彻底摧毁。英国现在与欧洲大陆完全隔绝，变成了一个岛屿。当洪水退去，仅有很少的人幸免于难。他们失去了拥有的一切——他们的家园和猎场，还有许许多多的亲人朋友。他们必须齐心协力重建社区，重建家园，努力在被巨浪摧毁的土地上生存下去。

最早的农耕者

欧洲北部被洪水重塑了面貌，而在4000公里之外，一场革命正在悄然发生。在幼发拉底河畔，也就是现在的叙利亚，人们的生活方式发生了巨大变化。他们不再是狩猎采集者，不用再总去采食野生植物或者跟踪猎物——他们已经变成了农耕者。

最早期的农耕者始于大约1.1万年前，他们在小块地里播种野生大麦、小麦和燕麦的种子。他们必须守在一个地方照顾和收割庄稼。聚在一处的一小片房屋发展成了一个村庄，村民的牛群在连绵起伏的草地上吃草。

食物充足、生活安定以后，人们生下了更多孩子。小村庄很快发展成了城镇。在周围的田地里，农民们种植小麦、大麦、豌豆和扁豆，并且饲养绵羊、山羊和牛。他们仍会外出打猎，打些鹿、野猪和鸟类。

这个8000年前的小镇上，人们的泥砖房建得很近，有些房子的门只能开在房顶上。

随着人口增长，农户们开始在这片土地上扩散开来。有些早期的农民甚至带上种子、牛犊和羊羔乘船去寻找新的地方定居。6000年前，他们到达了现在的英国和爱尔兰。

骑马的人

大约6000年前，东欧大草原上的人们仍然靠捕猎野生动物为生。这是人们在猎马。不过，这种生活方式即将发生翻天覆地的变化。几个胆大的青年抓到了一匹野马，想试着骑上去。他们不断尝试，试了很多次后，学会了捕马和驯马。这些人是最早会骑马的人。

有了马，这些人就可以在草原上肆意游荡了。他们可以去很远的地方跟朋友相聚，也可以骑着马去袭击其他部落。

几个世纪后，骑马的人也变成了农耕者。他们饲养牛、猪和山羊，还有马，他们使用马车在大草原上迁移。这些人现在被称为颜那亚人，他们会将死去的人葬入精致的墓中。

随着人口激增，骑马的人带着他们的马匹、马车，还有他们的语言开始向南部和西部扩散。我们今天仍在使用的许多欧洲和亚洲语言都发源于这种语言。颜那亚人与已经开始使用青铜工具的欧洲农耕者互相融合。这就是石器时代的结束：青铜时代开始了。

最终，这些新想法——耕作和金属加工——将传播至世界各地。我们今天的文明就建立在这些古代祖先创造的基础之上。随着他们在世界范围内不断四处迁移，新想法和新生活方式也随之传播。

时间线

30万年前 现代人类——智人——进化出来。相比早期祖先，他们的脸部更加扁平，头骨更圆。最早的化石出土于摩洛哥和埃塞俄比亚。

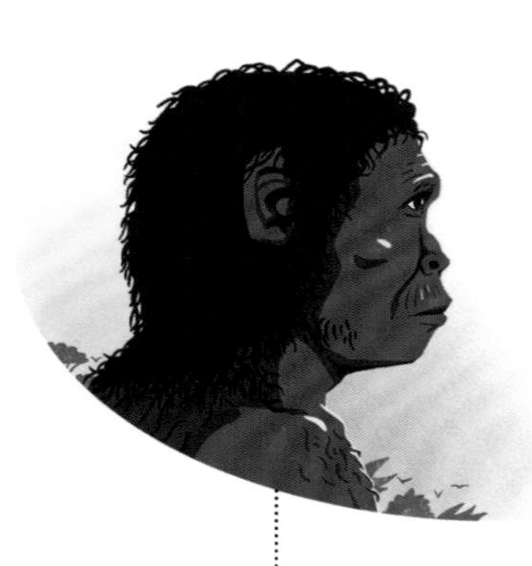

12万年前 以色列斯虎尔山洞里的现代人墓葬表明人类很早就开始走出非洲。

240万年前[1] 最早的人类物种（人属）的化石证据：能人。

250万年前 200万年前 50万年前 20万年前 15万年前

190万年前 进化出拥有现代人类体形的人种：直立人。第4页的故事取材于在肯尼亚图尔卡纳湖附近发现的一具150万年前的男孩骨骼化石。

16万年前 在南非品尼高点发现了早期现代人的行为证据，包括采食贝类和使用赭石颜料。

①科学家后来又发现了距今约280万年的人属化石，将人类演化的历史又往前推进了40万年。——编者注

5万年前 现代人开始向西扩散到欧洲，遇到了原住民——尼安德特人。现如今我们基因中尼安德特人的DNA痕迹表明，这两个群体进行了杂交。

6.5万年前 岩洞中的石器和赭石表明现代人已经到达了澳大利亚，这个时间点最近得到了遗传学证据的支持。

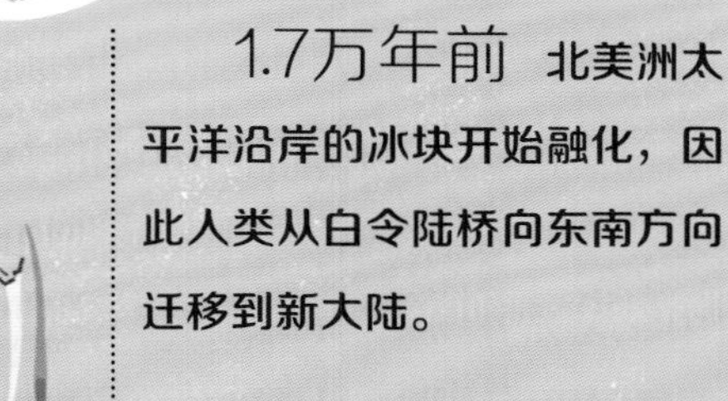

1.7万年前 北美洲太平洋沿岸的冰块开始融化，因此人类从白令陆桥向东南方向迁移到新大陆。

1.1万年前 在土耳其和叙利亚（大麦、小麦、黑麦、燕麦）以及中国（小米、水稻）出现了早期农业证据。

10万年前 5万年前 2万年前 1.5万年前 1万年前 5000年前

10万年前 在中国一个山洞里发现的牙齿表明早期人类迁移潮已经到达了东亚。

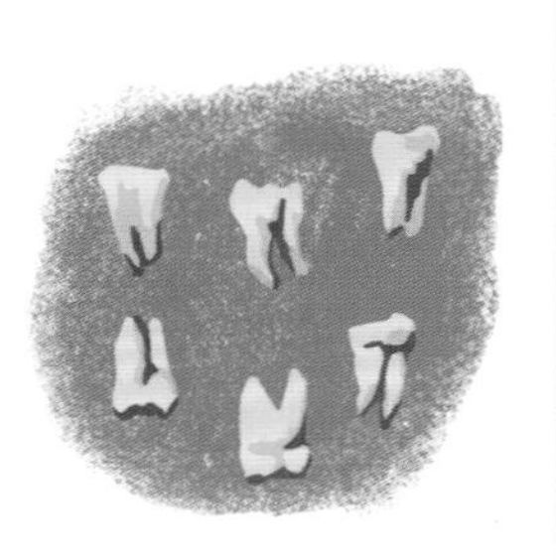

2万年前 最后一个冰期的最盛期。在俄罗斯的科斯腾基（以及后来的乌克兰梅日里奇遗址），考古学家发现了人类居住猛犸象骨小屋的证据。

1.35万年前 克洛维斯矛尖在北美的数百个地点被发现，它由精心挑选的石头制成，比如燧石、碧玉和黑曜石，边缘被削得非常锋利。

5000年前 颜那亚文化在青铜时代的欧洲广泛传播，遗传学证据为这个时期欧亚大草原的人口扩张提供了支持。

地图

回溯远古祖先的旅程，提醒我们是与世界各地的其他人相互联系的——我们都算是表亲。我们人类物种大约30万年前起源于非洲。亚洲的一些古化石暗示着在更早的时候可能已经有人类走出了非洲，但主要还是发生在10万至6万年前的迁移潮使得人类遍布全球。

地图上的箭头显示的是多代人的平均迁移方向。实际上，来来往往的迁移很多，不同群体随着时间的推移不断分离或交融。

7.5万年前，现代人生活在南亚。6.5万年前，人类到达了澳大利亚。5万到4万年前，现代人向西扩散到欧洲。3万年前，人类在西伯利亚北部居住。DNA证据表明，1.7万年前，人类从白令陆桥向东南扩散到北美洲，后来又去到了南美洲。

词汇表

冰川

在地表缓慢运动的巨大冰体。

冰河时期

即冰期，指地球表面覆盖有大规模冰川的地质时期。目前地球处于第四纪大冰期。第四纪期间存在着大致以10万年为主要周期的冰期、间冰期环境的转化。距离现在最近的一次冰期约始于7.5万年前，结束于1万年前。

代

一个祖先一连串后裔中的一个代际。例如，曾外祖母、外祖母、母亲和女儿代表着四代人。

DNA

一种所有生物的细胞中都有的很长的分子。DNA（脱氧核糖核酸）由两条螺旋链组成，每条链由微小的独立单位或者“字母”组成，它们形成了构建身体和保持身体运转的指令代码。代码被分成大约2000个基因。你的DNA一半来自你的妈妈，一半来自你的爸爸。随着时间推移，DNA会发生细微变化，所以DNA检测也可以告诉我们人与人之间亲属关系的密切程度。

海啸

由海底地震或滑坡等引发的一连串海浪，能将巨大的水流推向陆地，造成可怕的破坏。

肌腱

连接肌肉和骨骼的坚韧纤维。

季风

大范围区域冬、夏季盛行风向相反或接近相反的现象。在印度次大陆和东南亚地区，盛行夏季风时会出现大量降雨。

筋

肌腱的另一种说法。

进化

在很长一段时间内，基因由于自然选择而逐渐发生变化。

开拓者

最早去某个地方或者做某件事情的人。

考古学家

研究古文化物质遗存的科学家，包括石器、象牙雕刻等遗物和住所遗址。这些线索可以帮助我们构建一幅远古时期的生活图景。

类人猿

哺乳纲动物，包括人类、黑猩猩、倭黑猩猩、大猩猩、红毛猩猩和长臂猿。与其他灵长目动物一样，类人猿有对生拇指，可用于抓取东西。它们的大脑大而复杂，没有尾巴。

尼安德特人

一种大约在40万到4万年前生活在欧洲和亚洲的古人类。我们现在知道，他们经常与现代人在一起生活，并同他们有了孩子。今天的人身上仍有尼安德特人祖先的痕迹。

神话

古老传统的故事，包括起源故事，通常会涉及一些超自然的想法。

狩猎采集者

靠捕猎野生动物和采集野生植物而非耕种为生的人。往往是游牧民族，四处迁移建立临时营地，而不是居住在固定的村庄里。

物种

某一种类型的动物或植物。例如，智人和尼安德特人是两个人类物种。

颜料

能使物体染上颜色的物质。

野牛

史前大型野牛，是现代家牛的祖先。

遗传学

研究生物遗传与变异的本质及其规律，探索基因的结构、功能、传递、表达及变异规律的学科。

中石器时代

亚洲大约2万到1万年前、欧洲大约1.5万到6000年前的一个时期。人们仍然使用石器，更多的人定居下来，但是还没有开始农耕。

祖先

一个人的前代人——比如曾祖父母、高祖父母以及更久远的先辈。当谈及人类旅程的时候，祖先指的是几千代以前的人，甚至可以是我们如今所知的人类出现之前的其他祖先。如果你追溯到足够久远的年代，你会发现家谱树上的祖先里甚至有鱼！

索引